LE PYOLUÈNE

(πυον, pus; λυω, καταλυω, je détruis)

OXYMÉTHYLALLYLSULFOCARBIMIDE

LE PYOLUÈNE

(πυον, pus ; λυω, χαταλυω, je détruis)

OXYMÉTHYLALLYLSULFOCARBIMIDE

NOUVEL ANTISEPTIQUE

ÉMINEMMENT ÉNERGIQUE

NON CAUSTIQUE, NON TOXIQUE

PARIS

IMPRIMERIE G. MAURIN

71, RUE DE RENNES, 71

—

1903

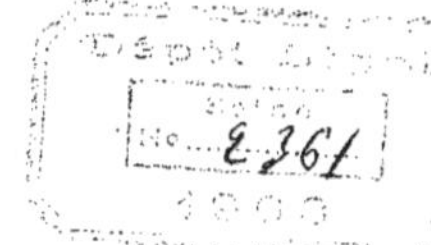

EXTRAIT

DU

RAPPORT DE M. R.-S. FABARON

CHIMISTE-EXPERT

PHARMACIEN DE 1re CLASSE, EX-INSPECTEUR DU LABORATOIRE MUNICIPAL DE PARIS

Composition. Expériences sur la toxicité
Pouvoir antiseptique inhibiteur. Pouvoir bactéricide absolu
Emplois

COMPOSITION

Le **PYOLUÈNE** — oxyméthylallylsulfocarbimide — désigné pour l'euphonie par la marque déposée **PYOLUÈNE**, est le soluté d'un corps chimique récemment découvert, coloré et rendu maniable, de façon à lui permettre d'être employé commodément en médecine, en chirurgie, en hygiène, en industrie, etc.

La préparation en est garantie par des brevets de divers Gouvernements.

TOXICITÉ

A la suite de nombreuses expériences, le **PYOLUÈNE** a été déclaré **non toxique.**

Nous citons quelques effets du **PYOLUÈNE** :

1° Voies digestives, muqueuses.

A) Une solution au 3/1.000 a été employée à la dose de une cuillerée à soupe par litre d'eau en lavages de la muqueuse d'un pharynx postérieur atteint de pharyngite granuleuse. L'absorption a donné d'excellents résultats.

B) Des ulcères variqueux ont été détergés pendant plusieurs semaines, la fétidité a disparu aussitôt, et les plaies se sont refermées.

C) Pour la muqueuse buccale, on s'est servi d'une solution à 1/250 pour lavages quotidiens pendant deux mois, sans amener d'inconvénient, bien au contraire.

D) Une chienne (25 kilos) a été abreuvée pendant un mois avec une solution de **PYOLUÈNE** au millième, à l'exclusion de tout autre liquidé, et n'en a pas souffert.

E) Des poules ont été nourries pendant quinze jours avec une pâtée constituée par du son frisé avec une solution de **PYOLUÈNE** au millième. Elles ont continué à se bien porter.

F) Des serins ont été nourris avec du millet préalablement gonflé avec la même solution de **PYOLUÈNE**. Il n'y a pas eu le moindre accident.

G) Enfin, une démonstration caractéristique s'est produite accidentellement. Une sage-femme pratiquait sur elle-même des injections vaginales avec la solution de **PYOLUÈNE** au millième.

Elle avait demandé une solution de sel plus concentré (10 fois) que le **PYOLUÈNE** lui-même pour sa commodité. Oubliant qu'elle ne devait employer que 0 gr. 10 c. au lieu de 1 gramme de **PYOLUÈNE** par litre, elle se servit pendant environ dix à douze jours de cette solution, à la dose de 1 gramme par litre au lieu de 0 gr. 10 c. Non seulement elle n'en fut pas incommodée, mais au contraire, sa métrite qu'elle soignait par ce moyen fut rapidement guérie, sans que les muqueuses en fussent altérées.

Ces expériences sont concluantes au point de vue de la non-toxicité par action sur les muqueuses et les voies digestives.

2° Injections hypodermiques.

A) Un cobaye (600 grammes) a été injecté sous l'épiderme avec une solution de **PYOLUÈNE** dans la glycérine. Un centimètre cube n'a pas produit d'accident.

B) Un lapin a reçu cinq centimètres cubes de solution normale en injection sous-cutanée. Il a très bien supporté l'opération et n'en a pas paru affecté dans la suite.

3° **Injections intravasculaires.**

A) Injection à un chien (18 kilos) dans la veine fémorale (2 centimètres cubes de solution glycérique de Pyoluène et de 18 centimètres cubes d'eau stérilisée). Aucun accident n'en est résulté; le chien continue à jouir d'une bonne santé.

B) Injection à un chien (15 kilos) dans la veine fémorale (54 centimètres cubes d'eau stérilisée et 6 centimètres cubes de solution de **PYOLUÈNE).** Aucun signe particulier ne s'est montré, le chien n'a pas paru affecté, il s'alimente et joue.

C) Chien de 15 kilos. Pour clore ces expériences, il a été fait à un chien une injection dans le péritoine, avec une solution contenant 10 c.c. d'eau distillée et 10 c.c. de solution normale. Le chien se porte bien.

Le **PYOLUÈNE** n'est donc pas **toxique.**

DÉTERMINATION DE LA PUISSANCE ANTISEPTIQUE

Pouvoir inhibiteur ou stérilisant.

Le pouvoir inhibiteur est le premier des facteurs de la puissance antiseptique.

Ce pouvoir est déterminé par la proportion d'antiseptique à ajouter à un volume donné de bouillon de peptone pour s'opposer à la fermentation microbienne et rendre indéfiniment stérile ce bouillon, même lorsqu'il se trouve déjà en pleine pullulation.

EXPÉRIENCES

Sans entrer dans le détail opératoire, nous donnerons ci-dessous les résultats. Les semences ont été prises à l'Institut Pasteur ; et nous nous sommes servis comme antiseptique d'une solution de **PYOLUÈNE** à 1/100 de sel actif dans la glycérine (exactement 1/96).

Les résultats ci-dessous ont été pris après vingt-huit heures, quarante-huit heures et cinq jours. Ils n'ont pas varié.

1° BACILLE SUBTILIS.

Le témoin a donné un voile épais caractéristique.

Les tubes à 0,25/100 (1/40.000) ne donnent aucun développement.

2° STAPHYLOCOQUE DORÉ.

Le témoin donne une culture épaisse.

Dans les tubes à 0,50/100 (1/20.000), il y a eu arrêt absolu.

3° STAPHYLOCOQUE BLANC.

Le témoin cultive.

Les tubes à 0,50/100 (1/20.000) ne cultivent pas.

4° BACILLE TYPHIQUE.

Le témoin se développe.

Les tubes à 0,50/100 (1/20.000) ne se développent pas.

5° BACTÉRIDIE CHARBONNEUSE.

Le témoin cultive.

Les tubes à 0,50/100 (1/20.000) ne cultivent pas.

6° BACILLE PYOCYANIQUE.

Le témoin progresse.

Les tubes à 0,50/100 (1/20.000) donnent des résultats douteux.

Dans les mêmes tubes à 0,75/100 (1/13.333), il y a arrêt absolu.

7° BACILLE COLI.

Le témoin est en pleine activité.

Les tubes à 0,50/100 (1/20.000) donnent une culture faible.

Les tubes à 0,75/100 (1/13.333) sont stériles.

8° ANAÉROBIES. BACILLE DU TÉTANOS OU DE NICOLAIER.

Par la méthode de l'Institut Pasteur, l'essai a été fait intentionnellement à 1 c.c. 5 de solution normale pour 100 c.c. de bouillon peptoné (1/6.666).

Examinées de vingt-quatre en vingt-quatre heures pendant quinze jours, les pipettes n'ont donné aucune culture. Aujourd'hui encore, vingt mois après, les pipettes n'ont pas proliféré et sont restées limpides ; alors que les témoins se sont troublés le deuxième jour.

D'après les essais ci-dessus, il est impossible de mettre en doute le pouvoir inhibiteur du **PYOLUÈNE**. Il s'oppose à la fermentation, au pullulement des espèces microbiennes, même en proportion infinitésimale dont les limites maxima et minima sont comprises entre 1/13.333 et 1/40.000.

Les deux tableaux ci-joints rendent sensibles l'action du **PYOLUÈNE** sur les cultures des différentes espèces et la place qu'il occupe parmi les antiseptiques usuels.

Place du Pyoluène en regard des antiseptiques usités

TITRES-LIMITES	CLASSIFICATION DE MIQUEL		ANTISEPTIQUES
1/20.000	Classe I. Éminemment Antis.	Non toxique (altérable).	Eau oxygénée.
1/14.285	»	Toxique.	Sublimé corrosif.
1/13.333 ·	»	Non toxique.	**Pyoluéñe.**
1/12.500	»	Toxique.	Nitrate d'argent.
1/4.000	Classe II. Très fortement Antis.	Toxique.	Iode.
1/1.111	»	Toxique.	Sulfate de cuivre.
1/1.000	»	Toxique.	Acide salicylique.
1/500	Classe III. Fortement Antis.	Toxique.	Acide thymique.
1/333	Classe IV. Modérément Antis.	Toxique.	Acide phénique.
1/133	»	Non toxique.	Acide borique.
1/14	Classe V. Faiblement Antis.	Non toxique.	Borate de soude.
1/13	»	Toxique.	Essence d'eucalyptus.
1/7	Classe VI. Très faiblement Antis.	Non toxique.	Sel marin.
1/4	»	Non toxique.	Glycérine.

TABLEAU I. — Limites du pouvoir inhibiteur

Proportions de solution centésimale de Pyoluène ajoutée à 100 c.c. de bouillon.	QUANTITÉS c. c.	TITRES
	1,50	1/6.666
	1,25	1/8.000
	1	1/10.000
	0,75	1/13.333
	0,50	1/20.000
	0,25	1/40.000

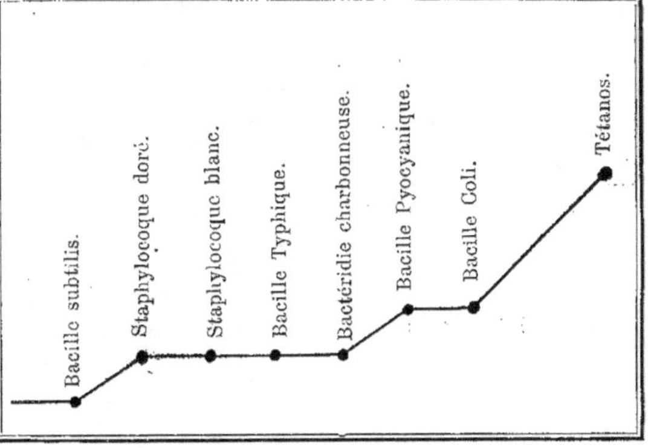

TABLEAU II

Bacilles. — Volumes de solution au 1/100 de **PYOLUÈNE** ajoutés à une quantité invariable (100 C.C.) de BOUILLON PEPTONÉ

	TEMOIN 0	1/10 c/c	1/4 c/c	1/2 c/c	3/4 c/c	1 c/c	1 c/c 1/4	1 c/c 1/2
Staphylocoque doré.								
Staphylocoque blanc.								
Streptocoque.								
Bacille Pyocyanique.								
Bactéridie charbonneuse.								
Bacille subtilis.								
Bacille coli.								
Bacille typhique.								
Bacille de Nicolaïer. (tétanos).								

Légende :

Fertile 

Douteux 

Stérile 

Pouvoir bactéricide absolu.

Pour déterminer ce pouvoir absolu, on doit tenir compte de trois facteurs concourant à l'action bactéricide :

1° L'espèce microbienne sur laquelle on agit ;
2° Le titre de la solution des antiseptiques employés ;
3° Le temps pendant lequel agit l'antiseptique au titre donné.

PREMIER ESSAI

	10 MINUTES	20 MINUTES	30 MINUTES
Témoin (Bacille typhique) . . .	Cultive.	Cultive.	Cultive.
Sublimé 1/100	Stérile.	Stérile.	Stérile.
Pyoluène 1/100	Stérile.	Stérile.	Stérile.

DEUXIÈME ESSAI

	15 MINUTES	2 HEURES
Témoin (Staphylocoque doré)	Fertile.	Fertile.
Acide phénique 30/1.000	Fertile.	Stérile.
Sulfate de cuivre 50/1.000	Fertile.	Fertile.
Pyoluène 5/1.000 . . . ;	Stérile.	Stérile.

TROISIÈME ESSAI

BACILLES	TEMPS EN MINUTES	SUBLIMÉ 1/1.000	PYOLUÈNE 2/1.000
Staphylocoque doré	3'	Stérile.	Stérile.
Streptocoque	4'	Stérile.	Stérile.
Coli Bacille.	3'	Stérile.	Stérilè.
B. Pyocyanique	2'	Stérile.	Stérile.

QUATRIÈME ESSAI

BACILLES	TEMPS EN MINUTES	ACIDE SALICYLIQUE 1/1.000	PYOLUÈNE 2/1.000
Staphylocoque doré	3'	Fertile.	Stérile.
Streptocoque	4'	Fertile.	Stérile.
Coli Bacille.	3'	Fertile.	Stérile.
B. Pyocyanique	2'	Fertile.	Stérile.

CINQUIÈME ESSAI

BACILLES	TEMPS EN MINUTES	SULFATE DE CUIVRE 50/1.000	PYOLUÈNE 2/1.000
Staphylocoque doré	3'	Fertile.	Stérile.
Streptocoque.	4'	Fertile.	Stérile.
Coli Bacille.	3'	Stérile.	Stérile.
B. Pyocyanique	2'	Stérile.	Stérile.

Pour le STAPHYLOCOQUE DORÉ.

Le sublimé et le **PYOLUÈNE** le stérilisent en trois minutes, l'acide phénique, l'acide salicylique et le sulfate de cuivre demandent plus de dix minutes.

Pour le STREPTOCOQUE.

Le sublimé et le **PYOLUÈNE** ne le détruisent point en trois minutes, mais le stérilisent en quatre minutes. L'acide salicylique, l'acide phénique et le sulfate de cuivre demandent beaucoup plus de temps.

Pour le COLI BACILLE.

En deux minutes, le sublimé, le **PYOLUÈNE** et le sulfate de cuivre ont une action douteuse, mais le stérilisent en trois minutes; pendant que l'acide salicylique le laisse fertile jusqu'à quatre minutes, a une action douteuse pendant la cinquième minute, et le stérilise nettement à partir de la sixième minute. L'acide phénique est inférieur.

Enfin pour le BACILLE PYOCYANIQUE.

Le sublimé, le **PYOLUÈNE** et le sulfate de cuivre le stérilisent en deux minutes, pendant que l'acide salicylique et l'acide phénique demandent plus de dix minutes pour le stériliser.

Donc, la puissance bactéricide absolue est absolument comparable à celle du sublimé (sur lequel il a l'avantage de la non-causticité et de la non-toxicité); et cette puissance est bien supérieure à celle de l'acide salicylique, de l'acide phénique et du sulfate de cuivre, qui sont toxiques.

OBSERVATION. — Ce travail a été exécuté au laboratoire de bactériologie de la Clinique d'accouchements TARNIER, sous le contrôle de M. le docteur GAUSSIN, chef-adjoint du laboratoire de la Faculté de Médecine et avec l'autorisation expresse de M. le Professeur BUDIN.

PREMIER ESSAI

ANTISEPTIQUES	10 MINUTES	20 MINUTES	30 MINUTES
Témoin (Bacille typhique)			
Sublimé 1/100			
Pyoluène 1/100			

2e ESSAI

ANTISEPTIQUES	Proportions pour 1 litre	15 MINUTES	2 HEURES
Témoin (Staphylocoque doré)			
Acide phénique	$3^o/1000$		
Sulfate de cuivre	$5^o/1000$		
Pyoluène	$5/1000$		
Pyoluène	$10/1000$		
Pyoluène	$2^o/1000$		
Pyoluène	$5^o/1000$		

Légende :

Cultive	Stérile	Fertile
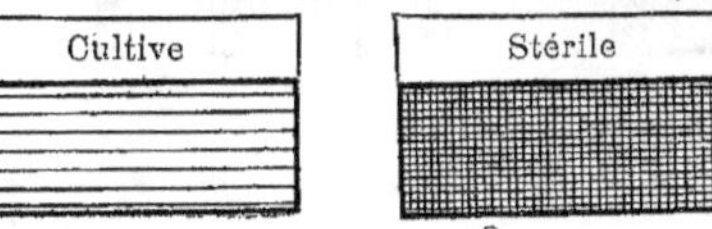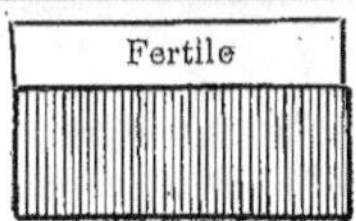

3ᵉ ESSAI

BACILLES	TEMPS en minutes	SUBLIMÉ 1/1.000	ACIDE SALICYLIQUE 1/1.000	SULFATE DE CUIVRE 50/1.000	PYOLUÈNE 2/1.000	PYOLUÈNE 5/1.000
Staphylocoque doré.	2'					
	3'					
	4'					
	5'					
	8'					
	10'					
Streptocoque.	2'					
	3'					
	4'					
	5'					
	8'					
	10'					
Coli bacille.	2'					
	3'					
	4'					
	5'					
	8'					
	10'					
Bacille pyocyanique.	2'					
	3'					
	4'					
	5'					
	8'					
	10'					

Légende :

Douteux. 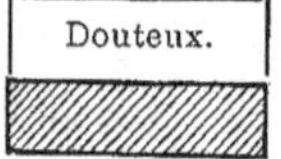

Fertile. 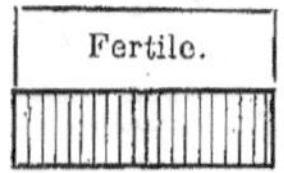

Stérile.

EMPLOIS

Le **PYOLUÈNE** s'emploie généralement en solutions au millième ; mais on peut faire facilement des solutions au 2/1.000, 5/1.000 ; 10 ou 20/1.000 ; ou des pommades à 5 et 10/100 et des savons incomparables à 8, 10, 12/100.

Aussi les emplois du **PYOLUÈNE** ont leur place marquée en :

Médecine (Affections de la peau, contaminations, etc.).

Chirurgie (Opérations, aseptie des instruments, etc.).

Art vétérinaire.

Art dentaire.

Hygiène (Dentifrices, savons, cosmétiques, etc.).

Arrêt des fermentations.

Conservation des viandes et des cuirs.

Conservation des bières, vins, cidres.

Désinfections générales.

Désinfection des navires.

Désinfection des bâtiments industriels.

Désinfection des habitations.

Désinfection des linges d'hôpitaux.

Stérilisation des lessives.

Transport des fumiers, gadoues, etc., etc.

OBSERVATIONS CLINIQUES

Le PYOLUÈNE en Art dentaire

Par le Docteur Oscar AMOEDO

PROFESSEUR A L'ÉCOLE DENTAIRE DE FRANCE

Depuis les remarquables travaux de Pasteur, on est tombé d'accord, en bactériologie, sur ce point : dans la bouche, même à l'état de parfaite santé, pullulent plus d'une vingtaine d'espèces de bactéries. La bouche peut donc être la porte d'entrée de la plupart des maladies infectieuses.

Les principales, parmi ces bactéries, dont nous avons constaté la présence, sont :

Le *leptothrix racemosa* et le *vibrio rugula*, principaux agents de la carie dentaire et de la formation du tartre ;

Le *bacterium termo*, qui donne à l'haleine une fétidité repoussante ;

Le *coli bacille*, qui produit une odeur fécaloïde;

Le *streptococcus* et le *staphylococcus*, produisant tous deux des abcès alvéolaires, et ce dernier, l'ostéomyélite des maxillaires pendant l'éruption des dents chez l'enfant, et de la dent de sagesse chez l'adulte ;

Le *pneumococcus*, de Fraenkel, capable de produire les affections déjà indiquées, et qui est l'agent spécifique de la *pneumonie infectieuse ;*

Le bacille de Koch, spécifique de la *tuberculose ;*

La bacille de Pfeiffer, de la *grippe ;* celui de la *diphtérie*, de Lœffler, etc.

La plupart du temps, ces microorganismes séjournent dans la bouche, sans provoquer d'autres phénomènes que la fermentation des détritus alimentaires, et la fétidité de l'haleine; alors on les appelle microbes saprogènes. Mais lorsque, par manque de propreté, leur nombre s'accroît dans des proportions trop considérables, leur virulence s'exalte, et alors de saprophytes qu'ils étaient, ils deviennent pathogènes.

D'autre part, il suffit que l'individu soit en état de réceptivité, c'est-à-dire que sa résistance soit amoindrie, par suite de surmenage, de refroidissement, constipation, indisposition chez la femme, dépression morale, ou qu'une porte d'entrée vienne à se produire par suite d'une plaie à la gencive, pour qu'aussitôt l'infection survienne.

De ces données scientifiques et irréfutables, découle la nécessité indispensable d'aseptiser la bouche régulièrement, en se servant d'un puissant antiseptique. Or le problème a été long à résoudre étant donné la difficulté de trouver une substance remplissant toutes les qualités désirées. En effet, la plupart des dentifrices jouissant encore d'une grande vogue actuellement, ont été combinés avant l'époque bactériologique, et partant, ne répondent plus aux exigences scientifiques d'aujourd'hui.

Le dentifrice **IDÉAL** doit être :

NON TOXIQUE,
NON CAUSTIQUE,
NON IRRITANT,
ÉNERGIQUEMENT ANTISEPTIQUE,
LÉGÈREMENT ANESTHÉSIQUE,
NOTABLEMENT DÉSODORISANT,
NEUTRE OU FAIBLEMENT ALCALIN,
TRÈS SOLUBLE DANS L'EAU,
NE NOIRCISSANT PAS LES DENTS,
D'UN GOUT AGRÉABLE.

Cependant, presque tous les antiseptiques sont des **ACIDES** : *acide* phénique, *acide* salicylique, *acide* thymique, *acide* benzoïque, *acide* borique, *acide* formique, etc.

Le mélange des acides thymique et benzoïque avec la teinture d'eucalyptus a l'inconvénient de noircir les dents et de donner à l'haleine une odeur très désagréable. Le bichlorure de mercure est un antiseptique très puissant, mais il a un goût métallique, et noircit aussi les dents, et il est très toxique.

Le thymol, le menthol, l'acide salicylique, le salol et le benzol, très solubles dans l'alcool, sont presque insolubles dans l'eau froide. Quand on verse dans un verre d'eau quelques gouttes de ces substances, l'eau devient trouble par suite de la précipitation du principe antiseptique, ce qui paralyse leur pouvoir bactéricide. De plus, les cristaux de thymol, menthol, salol ou autres ainsi formés irritent l'épithélium buccal et brûlent l'épiderme des lèvres et surtout les commissures.

Le *permanganate de potasse* serait le dentifrice antiseptique idéal, si son goût et le dépôt brun qui se produit sur les dents n'étaient des inconvénients sérieux pour son emploi quotidien.

Cependant, il restait l'antiseptique de choix à employer dans les cas de plaie de la bouche. En effet, le permanganate de potasse agit par oxydation en donnant son oxygène. C'est ainsi que les substances organiques mortes et les bactéries sont seulement attaquées, tandis que les tissus vivants prennent de la tonicité et de la vigueur.

Le permanganate de potasse a un autre inconvénient, qui est la non-conservation de sa solution, car dès qu'on le mélange à n'importe quelle substance, il s'altère. On ne peut le dissoudre que dans l'eau pure.

J'avais donc essayé tous les antiseptiques sans pouvoir me décider en faveur d'aucun, lorsque la chimie, dont les ressources semblent inépuisables, vient de nous donner un nouvel antiseptique, qui tout en ayant des propriétés analogues à celles du permanganate de potasse, renferme les qualités idéales d'un dentifrice.

Ce nouveau produit a été récemment introduit en thérapeutique sous le nom de **PYOLUÈNE** (πυον, pus ; λυω, je détruis).

Il est **non toxique, non caustique, non acide, d'un goût agréable, très désodorisant, d'une puissance bactéricide très énergique.**

Il est soluble en toutes proportions dans l'eau, les **alcools,** *les* **éthers,** *les* **glycérines** *et la plupart des* **véhicules.**

Le **PYOLUÈNE** *s'oppose à la pullulation dans la proportion de 1/40.000 et la solution à 5/1.000 stérilise en* **deux** *minutes les cultures les plus virulentes de staphylocoque, de streptocoque, de coli-bacille, de bacille pyocyanique, etc.*

En possession de cette substance antiseptique si merveilleuse, j'ai entrepris une série d'expériences dans mon laboratoire et dans mon cabinet de l'avenue de l'Opéra.

Les unes tendaient à me rendre compte de la façon dont agissait le **PYOLUÈNE** en chirurgie dentaire ; les autres à déterminer le meilleur dentifrice.

Les plus saillantes des observations sont publiées ci-dessous ; les nouveaux dentifrices que j'ai déterminés, rendus aussi agréables que possible, ont été trouvés renfermant intact et complet le pouvoir antiseptique considérable du **PYOLUÈNE.**

J'ai indiqué le **PYOLUÈNE** *à des malades atteints de gengivite tartrique,* *de pyorrhée alvéolaire et dans tous les cas les résultats ont été excellents. Je l'ai également indiqué au cours du traitement mercuriel anti-spécifique, après avoir évidemment nettoyé le tartre, et la bouche a conservé son état normal, malgré la continuation du traitement mercuriel.*

Mais ce que j'ai observé surtout chez tous mes clients qui font usage du **PYOLUÈNE,** *c'est l'état de propreté parfaite de leur bouche ; à un tel point, que je n'ai pas pu trouver cet enduit que l'on rencontre invariablement chez tout le monde, autour du collet des dents, et dans les espaces inter-dentaires.*

Ce résultat est d'une très grande importance, puisque cet enduit est précisément le siège de toutes les bactéries, et le lieu des fermentations fétides qui donnent naissance aux acides producteurs de la carie dentaire. Par conséquent, avec l'emploi du **PYOLUÈNE** *il n'y aura plus de carie dentaire.*

Je n'avais jamais obtenu d'aussi excellents résultats, ni même rien d'approchant, avec les autres préparations antiseptiques dont je m'étais servi précédemment. Aussi, c'est bien en toute connaissance de cause, que je recommande l'emploi du savon dentifrice au **PYOLUÈNE,** *par exemple, et toutes les préparations au* **PYOLUÈNE,** *et je suis convaincu que personne n'aura à s'en repentir.*

En effet, le **PYOLUÈNE** est le seul agent énergiquement antiseptique qui ne décompose pas le savon ; et l'association du **PYOLUÈNE** et du savon deviendra bientôt le seul antiseptique efficace à employer en chirurgie, en médecine, en art dentaire, en hygiène, comme dans les arts ou l'industrie.

Le PYOLUÈNE en Laryngologie
et dans les Affections du Nez et de l'Oreille

Par le Docteur Lucien DUMONT

La plupart de mes confrères connaissent bien ma clinique de la place Saint-André-des-Arts, où depuis quinze ans, j'ai vu passer 60.000 malades, et où je fais une moyenne de 1.500 opérations par an.

J'étais préoccupé depuis longtemps par la recherche d'un antiseptique général réellement énergique, pouvant remplacer l'acide borique dans les lavages du nez : la plupart des antiseptiques irritent la muqueuse nasale au bout d'un certain temps, et j'étais obligé de revenir à l'emploi de l'acide borique, bien que ce produit me donnât souvent des mécomptes au point de vue stérilisation.

Mon excellent confrère, le docteur Besançon, me fit parvenir, l'année dernière, un nouveau produit, le **PYOLUÈNE,** dont il disait le plus grand bien, et dont les essais bactériologiques faits à Tarnier avaient donné des résultats merveilleux.

J'en fis les premières applications dans l'**Ozène.** En très peu de temps, je fus convaincu, par ce qui s'est passé sous mes yeux, des grands services que devait rendre le **PYOLUÈNE** en nasologie.

Depuis un an environ, j'ai traité un millier d'ozènes par cet **excellent et pratique antiseptique.** Je dois à la vérité de reconnaître que, si je n'ai pas guéri tous mes malades, — mes confrères connaissent la grande difficulté de seulement améliorer cette affection — chez tous mes malades, j'ai obtenu, par l'emploi régulier du **PYOLUÈNE,** d'abord la disparition de toute odeur, — résultat considérable — et une diminution énorme des sécrétions, qui va même, dans certains cas, jusqu'à la cessation.

A la suite de ces expériences, j'ai dû conclure que le **PYOLUÈNE est le médicament d'élection pour le traitement** de l'Ozène ; il est actif, bon marché, facile à employer, n'amène jamais d'inconvénients. *J'engage mes confrères spécialistes à s'en servir s'ils désirent n'avoir jamais de mécomptes.*

En raison des bons résultats obtenus dans cette période d'essais, j'ai étendu l'emploi du **PYOLUÈNE** à la **Pharyngite granuleuse,** dans le traitement de laquelle je m'en sers régulièrement avec succès.

Enfin, **dans la plupart des opérations où je désire une antisepsie rapide,** j'ai encore recours au **PYOLUÈNE,** qui me donne une stérilisation immédiate et complète pour les instruments et les champs opératoires, et **l'anesthésie consécutive à son application.**

Je trouve enfin au **PYOLUÈNE une innocuité merveilleuse à l'égard des cellules vivantes,** et c'est là pour moi un point capital ; car, la rapidité de la réparation des tissus est **en raison inverse** de la caudicité ou de la toxicité des solutions trop souvent appliquées sur de grandes surfaces opérées, subissant alors, de ce chef, une action défavorable à la puissance vitale ; le **PYOLUÈNE,** au contraire, favorise et développe l'énergie du protoplasma, tout en s'opposant à l'action de ses parasites, les bacilles pyogènes.

Je suis convaincu qu'à mesure qu'il sera mieux connu, le **PYOLUÈNE** *supplantera comme antiseptique général tous les autres produits chimiques, dont les moindres inconvénients sont :*

L'INEFFICACITÉ OU LA TOXICITÉ

Accouchements

Par Madame MENARD

MAITRESSE SAGE-FEMME DE LA FACULTÉ DE MÉDECINE DE PARIS

Depuis l'apparition du **PYOLUÈNE**, qui m'a été rapporté de la Clinique d'accouchement de la Faculté de Paris, il y a environ deux ans, je n'ai cessé de l'employer.

Sur une moyenne de 200 à 250 accouchements annuels qui m'incombent, c'est-à-dire sur 500 cas en deux ans, je n'ai plus employé un gramme de **sublimé** depuis cette époque ; **je ne me suis plus servi que de PYOLUÈNE, que je considère comme un agent indispensable.**

A ceux que cette question intéresse, je peux faire connaître les grands avantages du **PYOLUÈNE** et ma méthode, qui m'ont permis de n'avoir pas vu dans ma clientèle un seul cas de septicémie.

Je prescris avant, pendant et après l'accouchement, simplement des injections, avec les solutions de PYOLUÈNE, à 1/2.000 ou 1/1.000, et des lavages sur les parties externes avec le savon au PYOLUÈNE.

La méthode est simple, commode et ne trompe jamais ; aussi suis-je une admiratrice de cet inappréciable agent de guérison.

J'ajouterai quelques cas où le **PYOLUÈNE** m'a rendu de véritables services :

OBSERVATIONS

I. — Accouchement primipare. — Phlébite.

Madame M..., âgée de vingt-quatre ans.

Les douleurs ont commencé à six heures du matin ; l'accouchement s'est terminé le lendemain à quatre heures du matin.

L'étroitesse du bassin nous obligeait à faire application du forceps, les parties molles étaient très résistantes, il s'est produit une déchirure presque centrale du périnée. Le médecin qui m'assistait fut obligé de réparer au moyen d'un fil d'argent et faire plusieurs sutures internes et externes.

J'ai soigné cette dame à l'aide de la solution de **PYOLUÈNE** au 1/1.000; injections deux fois par jour, lavages et pansements avec la même solution.

Le dixième jour, nous retirions les fils et constations que la plaie était absolument cicatrisée; il n'y a eu, à aucun moment, ni pus, ni odeur; les garde-robes se sont effectuées sans difficulté.

Quelques jours plus tard, la malade se plaint de douleurs à la jambe gauche; nous constatons de l'inflammation des veines et supposons la phlébite. Nous pansons la jambe avec la pommade au **PYOLUÈNE** au 1/100, tout en appliquant le traitement rationnel de la phlébite.

Quelques jours après l'application de la pommade, les douleurs cessent. Les trois premiers jours, le thermomètre indiquait 39°; le jour suivant, la température n'est plus que de 38°, pour descendre à nouveau à la température normale; la malade conservait son appétit et gardait ses forces.

Un mois après son accouchement, nous la levions et elle marchait la cinquième semaine.

Depuis lors, Madame M... a repris ses occupations, et, à part une légère enflure de la malléole, elle est parfaitement rétablie.

Je considère donc le **PYOLUÈNE,** sous ces deux formes, comme un précieux antiseptique dans les accouchements compliqués : il n'est nullement toxique et peut être administré dans tous les cas sans danger.

II. — Rétention placentaire.

Madame P..., quarante ans.

Enceinte d'environ cinq mois, perdant du sang, elle me fait appeler, et je constate, après examen, qu'elle est menacée de fausse couche.

J'ordonne le repos et *je donne immédiatement les injections très chaudes de* **PYOLUÈNE** *au 1/1.000. Trois jours après, les petites douleurs avaient cessé et les pertes s'étaient arrêtées.*

Le repos est gardé pendant environ un mois sans nouvelle alerte. Mais, à ce moment, Madame P... éprouve une très forte émotion, les douleurs apparaissent de nouveau, et je constate un commencement de travail; cette fois le repos et les soins continus ne parviennent pas à l'arrêter.

Madame P... accouche d'un fœtus d'environ six mois. L'accouchement est normal, mais le placenta reste dans la cavité utérine.

La délivrance artificielle offrant alors de grandes difficultés, je laisse la malade au repos en surveillant les pertes, et je donne trois injections au **PYOLUÈNE** en solution au 1/1.000; le second jour, la malade se délivrait sans intervention et sans accident. Je continue les injections au **PYOLUÈNE** à la dilution du 1/1.000: les suites sont excellentes et Madame P... se lève le vingt-cinquième jour, complètement rétablie.

Je constate donc cette fois encore, que dans ce cas, le **PYOLUÈNE** est un agent antiseptique très précieux, puisqu'il a empêché la fermentation bacillaire pendant deux jours, et a permis la délivrance complète sans complications. Je le donne maintenant, sans hésitation, dans tous les cas où une rigoureuse antisepsie est commandée.

III. — **Métrite chronique.**

J'ai donné la solution de **PYOLUÈNE** en injections deux fois par jour à une dame atteinte de métrite chronique avec d'abondantes pertes blanches. Je prescris des injections avec la solution au 1/1.000 de **PYOLUÈNE**. Ce traitement a été suivi pendant un mois ; après ce temps, l'état de la malade s'était beaucoup amélioré et les pertes ont diminué considérablement. Je continue le même traitement. Cette malade tolère parfaitement cet antiseptique : elle ne supportait pas les injections au sublimé précédemment données ; son état général, qui était déplorable, est aujourd'hui excellent.

J'ai noté ces quelques observations qui sortent du cadre ordinaire des accouchements normaux que je soigne toujours par des injections au **PYOLUÈNE** au 1/2.000, heureuse d'avoir entre les mains un médicament si énergique et si sûr.

Je dis que je l'emploie dans tous mes accouchements, chez moi et autour de moi, mais nombreux sont les cas, à part les accouchements, où il m'a rendu et me rend toujours de grands services.

Pour terminer, je dirai un mot du savon au **PYOLUÈNE** :

Je m'en sers continuellement et mes mains ne sont plus abîmées comme autrefois lorsque j'employais le **Sublimé** *ou les autres savons dits antiseptiques.*

Le savon au **PYOLUÈNE** désodorise parfaitement; je le donne toutes les fois que je fais un accouchement, et j'exige que les personnes qui touchent de près mes malades s'en servent pour désinfecter leurs mains.

Je crois qu'avec cette précaution, j'écarte de mes malades les bacilles si souvent apportés en dehors de nous par des mains insuffisamment désinfectées.

Je m'en sers encore pour le toucher au premier examen des femmes qui attendent le moment de leur délivrance. *J'y trouve le grand avantage de supprimer la vaseline, impossible à nettoyer, véhicule du vibrion septique, du colibacille, du streptocoque et du staphylocoque et de tant d'autres germes infectieux.* Avec le savon au **PYOLUÈNE**, au contraire, nettoyage immédiat et facile des parties explorées et antisepsie complète; enfin, glissement ferme au lieu du frottement flou donné par la vaseline, qui est souvent le transporteur du microbe.

Le savon au **PYOLUÈNE** joue encore un très grand rôle dans mes accouchements : je veux parler des soins à donner à l'enfant.

Dès son apparition, aussitôt que le cordon est tranché, je nettoie parfaitement l'enfant à l'eau chaude à l'aide du savon au **PYOLUÈNE**, de façon que le méconium, le sang et toutes les souillures soient désinfectés d'une façon irréprochable, car c'est le meilleur moyen d'éviter les complications du côté des yeux.

Cette pratique m'a toujours donné des résultats excellents, et j'attribue pour une forte part au **PYOLUÈNE** la grande réussite que beaucoup de membres du corps médical veulent bien s'accorder à attribuer à ma modeste personne.

Petite Chirurgie

Par le Docteur Ch. COULON

MONITEUR A LA CLINIQUE D'ACCOUCHEMENT ET DE GYNÉCOLOGIE DE LA FACULTÉ

~~~~~~~~~~~~~

En dehors des milliers de cas où j'ai constaté, depuis près de deux ans, l'efficacité du **PYOLUÈNE** dans les affections utérines, métrites, accouchements, rétentions placentaires, etc., j'ai cru devoir, dans l'intérêt du corps médical, signaler à mes confrères quelques résultats vraiment surprenants dus à cet excellent agent antiseptique, pour lequel je prévois un avenir brillant qui, avant peu, le placera au premier rang.

I. — Abcès du sein.

Madame D..., vingt-trois ans.

Au cours de l'allaitement, un abcès se déclare au sein droit, comprenant la glande mammaire dans presque toute sa totalité.

Je pratique une large ouverture et j'établis un drainage traversant la glande, *après avoir nettoyé la cavité de l'abcès avec une solution de* **PYOLUÈNE** *au 1/1.000. Pansement humide avec la même solution.*

Les jours suivants, je renouvelle les grandes irrigations avec la solution de **PYOLUÈNE** au 1/1.000, qui amène une grande diminution du pus produit; le quatrième jour, cette sécrétion est complètement tarie; deux jours plus tard, je retire le drain en prescrivant les applications de **PYOLUÈNE** au 1/1.000.

En moins de **dix jours**, *j'obtiens la guérison complète.*

II. — Uréthrite chronique.

Par deux fois, j'ai essayé des instillations de **PYOLUÈNE** à 5/100 dans des cas d'uréthrite chronique ; *les résultats ont été une guérison rapide et sans douleur.*

Je continue sur d'autres malades des observations rigoureuses avec la solution de **PYOLUÈNE** à 5/100.

Je ne puis conclure et donner un avis certain avant la fin de mon expérimentation.
~~~~~~~~~~~~~

III. — Cystite tuberculeuse.

Madame J..., quai de Seine, à Paris, trente-un ans.

Tousse habituellement; bronchite qui se renouvelle tous les hivers; à l'auscultation, craquements aux sommets pulmonaires.

En avril 1902, miction fréquente, environ toutes les dix minutes, pendant le jour, d'après sa déclaration; l'urine est trouble, et quelquefois sanguinolente.

Le diagnostic du médecin habituel est cystite; le traitement consiste en lavages de vessie qui, loin d'améliorer l'état de la malade, amènent une irritation qui devient rapidement insupportable et détermine la cessation du traitement.

Quelque temps après, la malade entreprend un nouveau traitement médical, sans résultat appréciable.

Le 6 mars 1903, la malade se présente à mon cabinet. A ce moment, les mictions sont très fréquentes, le sujet ne peut rester plus de dix minutes sans uriner pendant le jour, urine toutes les demi-heures pendant la nuit. Les urines sont troubles et purulentes. Catéthérisme très douloureux.

J'essaie un lavage de vessie avec la solution de **PYOLUÈNE** *au 1/1.000 ; j'arrive à grand'peine à faire pénétrer vingt grammes de liquide dans la vessie. Aussitôt la malade éprouve des douleurs très violentes, et il se manifeste un ténesme très vif. Avec d'infinies précautions, je passe enfin, en vingt reprises différentes, un demi-litre de solution..*

Le surlendemain, même lavage.

Le troisième lavage fut fait deux jours après. A la suite de ce troisième lavage, une grande amélioration est obtenue; lorsque la malade revint me voir, elle me déclare qu'elle ne s'est levée que deux fois dans la nuit, et que les mictions de la journée n'ont plus lieu que toutes les heures et demie.

Je commence alors des lavages de la vessie avec une solution à 1/500 ; ils sont très bien supportés.

Le 15 avril, l'état de la malade s'est beaucoup amélioré; elle va très bien; elle n'urine plus que de trois heures en trois heures; elle a pu deux fois rester la nuit entière sans se lever.

La malade supporte sans douleur trois cents grammes de **PYOLUÈNE** au 1/1.000; elle peut se retenir. Après chaque lavage, je laisse dans la vessie environ soixante grammes de la solution de **PYOLUÈNE**. Je diminue la fréquence des lavages, n'en opérant plus qu'un seul par semaine au lieu de trois.

L'état général s'améliore.

IV. — Hypertrophie prostatique.

Monsieur B..., rue Blondel, Paris.

Le malade se présente à ma clinique fin mars 1903. A l'examen, la prostate est constatée énorme; fièvre, sueurs abondantes, frissons, urine purulente. D'après ses déclarations, le sujet assigne à l'affection le début à sept ans; il urine, par regorgement, environ toutes les demi-heures, avec des douleurs insupportables, et ne peut émettre que quelques gouttes d'urine épaisse et horriblement fétide.

Je commence aussitôt des lavages de vessie avec la solution au **PYOLUÈNE** *au 1/1.000; ils sont très bien supportés. Je continue ces lavages, mais avec une dilution au 1/500; ils sont toujours parfaitement supportés; j'ai soin, suivant ma méthode, de laisser dans la* *vessie une petite quantité de solution de* **PYOLUÈNE** *à 1/500 : j'assure de cette façon une continuelle asepsie de la vessie.*

Aujourd'hui, les urines sont presque complètement claires ; les douleurs ont disparu ; la vessie retient l'urine ; la fièvre a disparu ; l'appétit renait ; l'état général est incomparablement meilleur.

Le malade revient tous les dix jours.

A ce propos, je signale avec plaisir que les solutions de **PYOLUÈNE** sont extrêmement bien supportées dans la vessie et ne causent aucune irritation, aucune douleur ; bien au contraire, les malades se sentent pour ainsi dire instantanément soulagés, et réclament un médicament dont ils constatent tout de suite l'efficacité.

V. — Opération de kystes.

Monsieur E. R..., trente-six ans.

Se présente à la clinique portant à la tête sept kystes, dont la grosseur variait entre le volume d'une noisette et celui d'une noix.

Nous l'opérons le 7 mars 1902. Incisions cruciales, par lesquelles nous retirons un sac contenant une matière graisseuse et portant de nombreuses adhérences.

Nous lavons avec soin la plaie avec une solution de **PYOLUÈNE** *au 1/1.000. Sans même rapprocher les bords de la plaie, nous bandons la tête avec de la tarlatane mouillée avec la même solution, en interposant une rondelle de lint sur chaque plaie. Nous prescrivons d'entretenir l'humidité avec la solution au 1/1.000 de* **PYOLUÈNE***.*

Le 15 mars, nous enlevons les pansements, et nous trouvons chaque plaie parfaitement cicatrisée.

VI. — *Monsieur E.-J. L..., vingt-huit ans, garçon livreur. Août 1902.*

Étant le dimanche au vélodrome, il a eu le pouce droit écrasé entre la chaîne et le pignon arrière de sa bicyclette. Pansé sur place, il est venu me voir quelques heures après, parce qu'il souffrait beaucoup. Le bout du pouce était complètement arraché, et ne tenait que par des lambeaux de chair ; l'os était dénudé et légèrement écrasé.

Le dimanche, larges lavages au savon au **PYOLUÈNE** *et à la solution de* **PYOLUÈNE** *au 1/1.000. Recoiffage du pouce et deux sutures au crin de Florence ; compresses à la solution de* **PYOLUÈNE** *au 1/1.000, en ayant soin d'éliminer le pus.*

Le lundi matin et le mardi, lavages minutieux à la solution au 1/1.000.

Le mercredi, plus de suppuration.

Le jeudi, enlevé les crins de Florence.

Les jours suivants, maintien du pansement humide à la solution au 1/1.000.

Le lundi suivant, les chairs se sont parfaitement soudées ; aucune suppuration ; nous supprimons le pansement.

Huit jours après, guérison complète ; le bout coupé de l'ongle tombe spontanément.

Deux mois après, j'ai revu le doigt parfaitement réparé, et ne portant qu'une legère trace de l'accident sous forme d'un petit sillon.

VII. — *Monsieur C..., chasseur du Cercle militaire, seize ans, 22 août 1902.*

Se présente avec une blessure profonde de l'avant-bras droit, déterminée par la rupture d'une glace. L'épiderme et le derme sont tailladés sur cinq centimètres ; un tendon est coupé ; la blessure est horrible à voir, on pourrait y introduire trois doigts ; perte considérable de sang.

Nous lavons immédiatement la plaie au **PYOLUÈNE** *au 1/1.000 ; nous rapprochons les deux segments du tendon lésé ; nous posons cinq sutures au crin de Florence. Pansements humides au* **PYOLUÈNE** *au 1/1.000.*

Le troisième jour, nous constatons que le crin de Florence a coupé les chairs par suite de la tension considérable dans trois des sutures, qui sont refaites.

Le septième jour, nous enlevons les crins ; mais la rétractation du derme et de l'épiderme nous oblige à rapprocher les chairs et à maintenir un pansement compressif, toujours arrosé d'une solution de **PYOLUÈNE** au 1/1.000.

Le douzième jour, nous enlevons le pansement compressif ; toute suppuration a disparu ; la blessure a l'aspect d'un trait rouge.

Continuation du traitement au **PYOLUÈNE.**

Le 20 septembre, nous constatons la guérison complète ; l'enfant se sert aujourd'hui de son bras comme s'il n'avait pas eu d'accident.

VIII. — *Monsieur X..., garçon chapelier,* 16 *novembre* 1902.
Gravement blessé à la main gauche par un fil de paille de fer. L'annulaire et le petit doigt portaient une coupure intéressant l'épiderme et le derme.

Il a été fait trois sutures au crin de Florence à l'annulaire et deux sutures au petit doigt.

Pansements humides au **PYOLUÈNE** *au 1/1.000.*

Les crins sont retirés le quatrième jour, pas de suppuration.

Dix jours après, guérison complète.

IX. — *Monsieur A. J..., cuisinier à la Brasserie universelle,* 3 *février* 1903.
Atteint par la chute d'une marmite, était porteur d'une plaie contuse au côté droit du front ; le cuir chevelu avait été coupé sur quatre centimètres.

Nous avons réuni les bords de la plaie par trois sutures au crin de Florence ; pansement au **PYOLUÈNE** *au 1/1.000.*

Quatre jours après, les crins étaient enlevés sans trace de suppuration ; mêmes pansements.

Le 9 février, la plaie était complètement guérie.

X. — *Monsieur E. B.., garçon de restaurant,* 5 *février* 1903.
Chute en portant une pile d'assiettes ; quatre doigts de la main étaient intéressés.

Nous faisons six sutures au crin de Florence ; pansements humides au **PYOLUÈNE** *au 1/1.000, renouvelés tous les jours.*

Guérison le 13 février.

CONCLUSION

Le **PYOLUÈNE** est un antiseptique très énergique, très efficace et très commode à employer.

Chirurgie

Par Monsieur le Docteur WASSILIEFF

CHEF DE SERVICE A L'HOPITAL DE SAINT-CLOUD

Un de mes amis m'ayant vanté les propriétés d'un nouveau produit appelé **PYOLUÈNE,** doué d'un pouvoir antiseptique équivalent à celui du **sublimé,** sans être ni caustique, ni toxique, j'ai employé ce produit dans mon service de chirurgie et j'ai pu constater dans certains cas des résultats intéressants.

En injections vaginales, la solution à 5/1.000 est fort bien supportée ; je l'ai employée comme préparation à l'*hystérectomie abdominale totale pour fibrôme ; malgré l'ouverture du vagin, la guérison s'est faite sans incident, sans élévation de température et bien que je n'aie fait aucun drainage.*

Les lavages vésicaux, chez les prostatiques atteints de cystite, m'ont donné de *très bons résultats :*

A. — Dans un cas, il s'agissait d'un homme de 53 ans, atteint de cystite très intense avec douleurs très fortes, mictions répétées toutes les demi-heures, et produisant une insomnie complète. Les lavages à l'eau bouillie, puis au nitrate d'argent, ne donnèrent qu'une faible amélioration, les mictions ne se faisant plus que toutes les heures. Les urines restaient troubles ; les lavages au nitrate étaient fort douloureux.

Les lavages au **PYOLUÈNE** *à 5/1.000 amenèrent en quarante-huit heures un changement considérable.* L'injection n'est pas le moins du monde douloureuse ; vingt minutes après le lavage, il se produit dans la région hypogastrique une sensation non désagréable de chaleur. La miction suivante n'est pas douloureuse ; au bout de douze heures, le besoin d'uriner ne se faisait plus sentir que toutes les heures et demie, le lendemain toutes les deux heures, et après un second lavage les mictions ne se faisaient plus que toutes les trois heures.

Après quatre lavages, un par jour, le malade gardait les urines pendant cinq et six heures et les mictions n'étaient plus douloureuses. Les urines étaient devenues claires.

B. — Dans un autre cas, il s'agissait de cystite tuberculeuse, avec mictions fréquentes et douloureuses au point de faire réclamer par le malade une opération qui le délivrerait de ses souffrances. *Cinq lavages au* **PYOLUÈNE** *à 5/1.000 firent cesser les accidents.*

C. — Dans un troisième cas, il s'agissait d'un vieil urinaire, avec cystite, accompagnée de lésions ascendantes. *L'amélioration fut très considérable par les lavages au* **PYOLUÈNE** *à 5/1.000. Au bout de huit jours, le malade peut rentrer chez lui,* avec les prescriptions nécessaires pour assurer le cathétérisme dans de bonnes conditions et la recommandation de *continuer les lavages au* **PYOLUÈNE.**

Un mois après sa sortie, le malade se trouvait en excellent état.

D. — Enfin, dans un cas de cystite blennorrhagique chez la femme, *les accidents disparurent au bout de huit jours au moyen de lavages vésicaux au* **PYOLUÈNE.**

Les résultats ont été aussi bons dans la **Blennorrhée,** mais dans les trois cas que j'ai eu l'occasion de traiter, je n'ai pas employé de grands lavages. *J'injectais dans l'urèthre antérieur cinq centimètres cubes de la solution de* **PYOLUÈNE** *à 5/1.000 et faisant fermer le méat par pression, je laissai ainsi séjourner dans l'urèthre la solution injectée, pendant trois ou quatre minutes. Cette sorte de pansement humide uréthral était renouvelé tous les deux jours et la guérison fut obtenue respectivement en dix, quatorze et dix-huit jours.*

Je pense donc que dans le traitement des maladies des voies urinaires, le **PYOLUÈNE** peut rendre des services importants, sans provoquer les douleurs que produisent le sublimé et le nitrate d'argent.

J'ai également obtenu de bons effets de la solution au **PYOLUÈNE** à 5/1.000 dans le traitement **d'ulcères variqueux et de brûlures très étendues.**

Par contre, dans un cas **d'actinomycose temporo-faciale,** le résultat a été moins bon, quoique sous l'influence des lavages au **PYOLUÈNE** à 5/100, il se soit produit une amélioration, due peut-être à la destruction des microbes accompagnant l'actinomyces.

J'estime donc, en résumé, que le **PYOLUÈNE** *mérite d'être employé et qu'il peut avec avantage remplacer le sublimé partout où ce dernier corps est en usage.*

Le PYOLUÈNE spécifique des Brûlures

Par le Docteur A. ÉTIENNE

J'étais en stage à la Clinique Tarnier, lorsque, mis en relations avec le docteur Gaussin, chef du laboratoire de bactériologie, et M. Fabaron, pharmacien-expert, qui déterminaient la valeur bactériologique d'un nouveau produit, le **PYOLUÈNE**, les circonstances m'ont amené à me servir de ce produit comme antiseptique.

Ayant pu me rendre compte des grandes espérances fondées sur l'action de ce médicament, en raison de ses effets stérilisateurs, j'eus l'idée d'appliquer ce remède au **Traitement des Brûlures.**

Je fus émerveillé : Après m'être servi du **PYOLUÈNE** en pommade et en lotions pour des brûlures légères, je fus amené à m'en servir dans les cas graves.

Aujourd'hui, je n'hésite pas à recommander à mes confrères le **PYOLUÈNE** *comme le spécifique par excellence des brûlures, en vaseline au* **PYOLUÈNE** *au 1/100 et en solutions au 1/1.000.*

Appliquer sur une brûlure la vaseline au **PYOLUÈNE**, c'est la guérir en CINQ JOURS.

J'ai bien étudié l'action de ce médicament ; dès l'application de la pommade sur la brûlure, il y a une période de six à huit heures de cuisson, quelquefois même douloureuse, suivie d'une période égale d'excitation de l'épiderme et du derme.

Puis, les phlyctènes se résorbent lentement, et s'il se produit à ce moment une légère suppuration, il est utile de laver la plaie à l'aide de la solution au **PYOLUÈNE** au 1/1.000.

A partir du troisième jour, l'inflammation des tissus diminue jusqu'à cessation ; on voit croître, pour ainsi dire, les éléments anatomiques jusqu'à la normale et la réparation définitive.

J'ai choisi quelques observations, transcrites ci-dessous, pour les soumettre à mes confrères.

OBSERVATIONS

Brûlures.

1º *Madame M..., trente-cinq ans. 24 juillet 1902.*
Brûlure du deuxième degré, affectant toute la face dorsale de la main droite, le pouce et trois doigts de la même main, et un bracelet large de cinq centimètres à l'avant-bras droit.
Pansement à la vaseline au **PYOLUÈNE** au 1/100.
25 juillet. — Les phlyctènes sont percées; la main est soigneusement lavée à la solution de **PYOLUÈNE** au 1/1.000. La douleur commence à disparaitre.
26 juillet. — Même pansement matin et soir. La douleur a complètement disparu.
27 juillet. — Mêmes pansements. L'épiderme commence à se reformer.
28 juillet. — Mêmes pansements.
29 juillet. — L'épiderme est complètement reformé.
30 juillet. — Guérison complète, sans qu'il y ait jamais eu purulence.

2º *L. D..., garçon de magasin, trente-huit ans. 5 août 1902.*
Brûlures profondes aux deux mains, provoquées par l'explosion d'une lampe à essence.
Lavages à la solution de **PYOLUÈNE** au 1/1.000, pansement à la vaseline au 1/100. Douleurs violentes.
Le 6, les douleurs ont disparu; les pansements sont très bien supportés.
Le 7, le 8, le 9, mêmes pansements; les blessures légères sont en voie de guérison.
Le 10 et le 11, mêmes pansements.
Le 12, guérison complète. L'épiderme est reconstitué sans aucune suppuration.

3º *Enfant S..., trois ans et demi. 6 août 1902 .*
Cet enfant a été brûlé profondément par de l'eau bouillante sur le cou, les épaules et l'étendue dorsale. Il avait été soigné dans les premiers jours de juillet par le médecin de la famille. Quand il nous a été amené, toutes les plaies suppuraient abondamment et présentaient des bourgeons charnus.
Le premier pansement à la vaseline au 1/100, recouvert de papier brouillard, a été appliqué le 6 août.
Le 7 et le 8 août, même pansement.
Le 9, plus de suppuration.
Le 11, les bourgeons charnus ont disparu.
Les jours suivants, mêmes pansements.
Le 28, la guérison était complète malgré les grandes difficultés qu'opposait l'enfant aux pansements.

4º *Monsieur Fraenk..., tailleur, quarante-quatre ans. Novembre 1902.*
Profondément brûlé dans un incendie.
Pansements à la vaseline au **PYOLUÈNE** au 1/100.
Guéri le sixième jour.

5° *H. F...., cuisinier, vingt-deux ans. 26 décembre 1902.*

Brûlures profondes du deuxième degré aux deux mains, déterminées par de la friture bouillante. L'épiderme avait été complètement détruit.

Se présente le 26 décembre 1902.

Lavages abondants avec la solution au 1/1.000, pansements à la vaseline au 1/100.

Le 27, même pansement; les douleurs ont disparu; tendance à la suppuration.

Le 28, les mains sont enflées : les plaies sont alors soigneusement lavées avec la solution au 1/1.000.

Le 29, l'enflure commence à disparaître.

Le 30 et le 31, l'enflure a complètement disparu.

Le 1er janvier, l'épiderme commence à se reformer.

Le 2 et le 3, mêmes pansements, amélioration générale.

Le 5, guérison complète.

6° *D. M..., électricien, trente-un ans. 3 janvier 1903.*

Brûlures à la face et à la tête.

Pansements à la vaseline au 1/100.

Les 4, 5, 6 et 7, mêmes pansements.

Le 8, le traitement est arrêté. Guérison.

7° *Monsieur P..,, chauffeur, trente-trois ans. 17 janvier 1903.*

Brûlures profondes à la tête, aux yeux, aux oreilles et au cou. Les cheveux, les moustaches et les sourcils ont été détruits.

Retour de flamme d'un calorifère.

Pansements les 17, 18, 19, 20 et 21; guérison le 22; l'épiderme est complètement rétabli.

Le PYOLUÈNE en Art vétérinaire

NOTE

Nous avons entre les mains un travail remarquable dû à un vétérinaire dont la situation ne nous permet pas de publier le nom et qui conclut à l'excellence du PYOLUÈNE dans les accidents et les opérations des animaux et dans la stérilisation des instruments.

Il s'agit de deux chiens de forte taille, dont l'un eut une fracture de la patte antérieure droite, et le second une ablation de tumeur située dans la région abdominale postérieure.

Le premier fut traité par un pansement humide au PYOLUÈNE à 1/1.000 et immobilisation du membre sur planchettes. Le chien était guéri trente-six jours après l'accident ; ni suppuration, ni accidents.

Le second était guéri douze jours après l'opération, par pansements humides au PYOLUÈNE, d'abord au 1/500, puis plus tard au 1/1.000.

Deux chevaux ont également été soignés par le PYOLUÈNE en dilutions à différents titres.

Le premier était couronné, et les deux genoux étaient également atteints.

L'opérateur appliqua sur le côté droit un traitement humide au PYOLUÈNE au 1/1.000, et sur le côté gauche un pansement au sublimé au 1/1.000. Les deux jambes furent rapidement guéries, sans qu'il ait pu constater aucune différence quelconque entre les deux traitements.

C'est pourquoi, conclut-il, je préfère le traitement au PYOLUÈNE, *en raison de ce que les hommes manipulant les solutions de* PYOLUÈNE *ne courent pas les dangers d'empoisonnement toujours possible avec les solutions de* sublimé.

Enfin le second cheval s'étant cabré dans la rue après un écart, est retombé dans la vitrine d'un commerçant : d'où, les membres antérieurs ont été déchiquetés par les éclats de verre, et section d'une veine.

La veine fut ligaturée avec un fil trempé dans une solution de PYOLUÈNE à 1/100 ; sutures au fil de soie plongé dans la même solution ; pansements humides à la solution de PYOLUÈNE à 1/500.

Stérilisation de la plaie et des instruments par une solution de **PYOLUÈNE** au 1/100.
Guérison complète après quatorze jours.
Le vétérinaire déclare avoir été très étonné par la rapidité de cette guérison.

Nous n'indiquons ces applications à l'art vétérinaire qu'à titre de renseignement. Nous attendons les résultats des observations de plusieurs vétérinaires de l'Ecole d'Alfort, qui ont bien voulu se charger de l'expérimentation du **PYOLUÈNE** *en médecine vétérinaire.*

Formulaire

Beaucoup de médecins nous ont fait l'honneur de nous demander les formules les plus pratiques pour l'emploi du **PYOLUÈNE**. Ces formules varient naturellement à l'infini, suivant l'action que l'on recherche ; nous donnons ci-dessous les plus souvent prescrites :

SOLUTION A

R. ♃ Pyoluène. . . . . 20 grammes.
Eau stérilisée . . . . 280 —
F. S. A.

Cette solution contient un gramme par cuillerée à soupe.

Une cuillerée à soupe dans un bock d'eau bouillie (deux litres) pour les injections usuelles en utérus normal, ou pour préparation à l'accouchement (1/2.000).

Deux cuillerées à soupe dans un bock de deux litres pour les accouchements (1/1.000).

Une cuillerée à soupe dans un litre d'eau pour laryngologie,. chirurgie, gynécologie, art vétérinaire et la plupart des usages (1/1.000).

Deux cuillerées à soupe pour un litre d'eau, pour lavages vésicaux, gargarismes, compresses, etc. (1/500).

SOLUTION B

R. ♃ Pyoluène. . . . . 30 grammes.
Eau stérilisée . . . . 120 —
F. S. A.

Cette solution contient un gramme par cuillerée à café.

Mêmes usages que la solution A, en remplaçant la cuillerée à soupe par la cuillerée à café. Elle a l'avantage d'un plus petit volume.

SOLUTION C

R. ♃ Pyoluène . . . . 5 grammes.
Eau stérilisée. . . . . 95 —
F. S. A.

Pour instillations vésicales, pour désinfection des instruments de chirurgie, pour déterger les foyers purulents, pour art vétérinaire, etc. (1/100).

POMMADE

R. ♃ Pyoluène. . . . . 1 gramme.
Vaseline ou lanoline. . . . . 100 —
F. S. A.

Pour brûlures, plaies suppurantes, abcès, emploi du spéculum, etc., etc. (1/100).

OVULES ET SUPPOSITOIRES

R. ♃ Pyoluène . . . . 10 grammes.
  Glycérine solidifiée 300   —
  F. S. A.
Pour vingt ovules gynécologiques ; ou pour cent suppositoires.

ÉLIXIR DENTIFRICE

R. ♃ Pyoluène. . . . . 10 grammes.
  Élixir dentifrice 100   —
  F. S. A.
Quelques gouttes dans un demi-verre d'eau.

ᴡᴡ Nous avons reçu plusieurs observations émanant de praticiens et de professeurs, nous en remercions sincèrement les auteurs et publierons dans un nouveau fascicule leurs très intéressants mémoires. MM. les Docteurs nous feront le plus grand plaisir en nous communiquant leurs expériences, remarques ou observations qui peuvent être dès maintenant adressées à

M. Léon PIOT, 11, rue du Faubourg-Saint-Honoré. Paʀɪs.

Observation

Nous avons l'honneur de signaler à Messieurs les Docteurs, Dentistes et Vétérinaires que

le **PYOLUÈNE N'EST PAS UNE SPÉCIALITÉ**.

C'est un produit chimique commercialement comparable à l'acide phénique, au sublimé, au nitrate d'argent, ou à l'acide salicylique, etc.

Sa valeur marchande est de

25 francs le kilogramme.

Son prix est relativement faible, étant donné le titre habituel (le 1/1.000) auquel on l'emploie.

On trouve le **PYOLUÈNE** *chez tous les droguistes et commissionnaires, en divisions de 125, 250, 500 grammes et 1 kilog., et* **au dépôt général,** *chez*

Monsieur L. CRUET

4, Rue Payenne, Paris.

PARIS. — IMP. G. MAURIN, 71, RUE DE RENNES.